现代·实用·温馨家居设计

书房
休闲区

娟 子 编著

中国建筑工业出版社

图书在版编目（CIP）数据

书房·休闲区/娟子编著.—北京：中国建筑工业出版社，2011.12
（现代·实用·温馨家居设计）
ISBN 978-7-112-13833-3

Ⅰ.①书… Ⅱ.①娟… Ⅲ.①住宅-室内装饰设计-图集
Ⅳ.①TU241-64

中国版本图书馆CIP数据核字（2011）第249690号

责任编辑：陈小力　李东禧
责任校对：张　颖　关　健

现代·实用·温馨家居设计
书房·休闲区
娟　子　编著
*
中国建筑工业出版社出版、发行（北京西郊百万庄）
各地新华书店、建筑书店经销
北京嘉泰利德公司制版
北京盛通印刷股份有限公司印刷
*
开本：880×1230毫米　1/16　印张：4$\frac{1}{2}$　字数：139千字
2012年5月第一版　2012年5月第一次印刷
定价：23.00元
ISBN 978-7-112-13833-3
（21557）

版权所有　翻印必究
如有印装质量问题，可寄本社退换
（邮政编码 100037）

前 言

傍晚，完成了一天的工作，迅速逃离喧杂浮华的都市，伴着昏夜回到了宁静的家中。感叹便捷快速的交通，让我们有机会在短暂的时间里穿梭于两种迥然不同的环境。家的清澈能带给我心灵的安慰，因为它不知道承载了多少的记忆，模糊地明白，"家"装着我所谓的花季、雨季，有的喜、有的悲、有的让人啼笑皆非，不能轻易地放下，因此，"家"承载着艰巨的任务。在这个季节，很多时候我宁愿选择在家中休息，而不愿在外面，我想很多朋友也会与我有着相似的选择。可是如何让家居在这个季节更加舒适和惬意呢？这也是《现代·实用·温馨家居设计》为大家解决问题的所在，将室内空间作为一个整体的系统进行规划设计，保证整体空间具有协调舒适的设计感。

生活是很简单的事情，我们不能用一种风格来束缚我们所要的生活方式，也不能完全拷贝某一种风格，因为每种风格都有自己的文化和历史渊源，每一个家庭也都有自己的生活方式、人生态度和理想。只有满足了人在家居生活中的使用功能这个前提下，然后再追求所谓的风格，这是空间设计的基本道理。

本书涵盖家庭装修的客厅餐厅、书房休闲区、玄关过道、卧室、厨房、卫生间空间设计，案例全部选自全国各地资深室内设计师最新设计创意图片，并结合其空间特点进行了点评和解析，旨在为读者提供参考，同时对家居内部空间进行详细的讲解和分析，指出在装饰设计上的风格并给出了造价、装饰材料等。书中还详细讲解和介绍了各种装饰材料、签订装修合同需要注意事项，以及家居装饰验收的技巧等。

目录

前言　03
书房·休闲区　05～64
房屋质量验收指南　65
地采暖　68
怎样选择壁纸　69
各种漆的特点　71
致谢　71

书房·休闲区

01 传统中式书房，从陈设到规划、从色调到材质，都表现出典型的中式特征，人在其中不会心浮气躁。

02 古典的配饰、厚重的色调、珍藏的古玩，进入这里让人在探究中国文化精髓的同时如沐春风。

03 红色的家具、木地板、现代的台灯，打破了书房沉闷的气氛，为书房增添了色彩。

04 木桌案，古朴的国画，珍藏的古玩，填满书籍的木书柜，尽显中式风情。

01 书写和阅读区设置在窗边，光线均匀、稳定，亮度适中，避免了空间逆光投影。

02 从沉稳高雅的角度入手打造整个书房，整面墙的书籍与油画一起构成了空间中别具一格的背景。

03 视觉效果丰富的书房，整体空间风格统一，营造出轻松惬意的气氛。

04 空间以宁静舒适为主，以白色为主色调，有助于人的心境平稳，气血通畅。

05 带有现代气息的书房，蓝色背景墙和深色书柜，演绎着东方的朴实和都市的现代。

06 采用简约设计风格，在造型和装饰上以自然朴实的材料，营造出舒适、简约的氛围。

07 整面墙的搁板与柜子放置书箱和装饰品，充分利用了空间，很适合空间很小的书房。

08 书柜色调往往决定着书房的室内采光、视觉印象和总体空间格调，敞亮明快的浅米黄色的书柜适合小空间书房摆设。

01 选材考究、设计合理的书房家具，精心地摆放和装饰，在视觉效果和心理感觉上，无疑会有一种和谐宁静的书香气息。

02 书桌的摆放位置有两点要注意：一、要考虑光线进入的角度柔和、明亮而不刺眼；二、要考虑避免电脑屏幕的眩光。

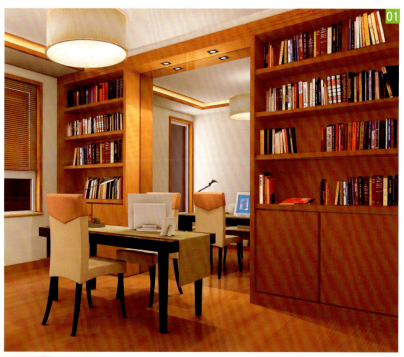

03 宽敞的书房空间，白色的墙、白色的顶棚，再配以樱桃木的书柜、樱桃木的办公桌，色彩分明，干净利落。

04 利用墙体结构安装搁板放置书籍和装饰品，简约现代的书桌，干净、整齐，安静的书房空间，有益于思考和工作。

05 利用书房墙面设计的书柜，放置书箱、装饰品，充满了艺术文化的氛围。

06 中式风格的书桌，装饰架和书架合为一体的整体书柜，地面铺贴同色系的木地板。

07 以黑胡桃色为主的空间色调透露出沉稳、深邃的味道，让人可以充分感受到主人的性格特点。

08 在窗前光线充足、空气清新的地方摆放书桌，两面侧墙放置两组书柜，利用书柜间的空当放置一套小沙发，布置紧凑而又功能完善。

01 本设计较注重书房的装饰，有品位的小装饰品给书房带来一丝优雅，别具情调。

02 设计以书架为书房装饰的亮点，虚实相结合的设计手法活跃了墙面，绿植和花瓶展现出整个空间的舒适感。

03 大红色墙面漆和米黄色的书柜相结合，让书房空间显得现代而富有个性，整个空间透着温馨和时尚。

04 在装饰造型上以大块面的组合为主，注重空间色彩以及房间装饰，极具时代性，令人耳目一新。

05 直线造型的书架融合现代艺术,搭配混油颜色,使书房洋溢着特有的时代气息,尽显简洁之美。

06 中式风格书房的营造重点放在了家具上,摆设一些有古典韵味和图案的陈设品,古雅的气氛油然而生。

07 书柜的设计错落有致而不失轻盈,佐以简洁的色彩,把书房衬托得时尚而又温馨。

08 深色的中式桌椅给空间带来成熟稳重的感觉,体现出底蕴深厚的中华民族情。

01 纯净的白色清爽洁净，让人思绪开阔，搭配五颜六色的书箱使人心情愉悦。

02 书房设计简洁、利落，米黄色的主色调往往可以满足人们希望安静、沉稳的精神需要。

03 米黄色的墙面纸让人感到安心，搭配棕色书柜和书桌，使书房空间清新又不失稳重。

04 欧式桌椅和书柜，顶面斜顶上设杉木板，结构主义的顶棚造型，各种元素的碰撞，营造出一种独特的美感。

05 从沉稳、高雅的角度入手打造整个书房，整体墙面的书柜和油画一起构成了空间中别具一格的背景。

06 方格书柜的设计处理手法，旨在使空间融合、书柜木搁板与书桌相呼应，空间整体感极强。

07 书籍充斥着墙面，空间却不显零碎，柔和的原木色与白色贯穿始终，构成了静谧的书房空间。

08 开放式书房的色彩可以小有变化，但在整体色彩上不要过于跳跃，紫色的单人沙发、木色纹理的书柜，让整个空间绽放着含蓄的魅力。

01 整面墙的书籍成为这个客厅最好、最有档次装饰品，把整个空间塑造得文雅清净。

02 如果家不够大，可以沿墙面做一个整体书架，摆放心爱的书籍和淘来的装饰品，让书房彻底融入居室、融入生活。

03 把书柜嵌入造型背景墙内，既使空间浑然一体，又保持了同一空间的整体性。

04 整面墙的搁板既可以放置书籍和装饰品，引来满屋书香，又充分利用了空间，很适合空间很小的书房。

05 书房应该尽量占据朝向好的房间，相比于卧室，它的采光更重要，读书可怡情养性，能与自然交融是最好的。

06 利用墙面设计书架，可以放置书籍和装饰品。地面放置沙发，具有休闲的格调。

07 浅棕色的墙面和地面透着沉稳和理性美，搭配深色书柜和书桌让空间凸显整体美。

08 文静而高雅是本案给人的第一印象，色彩的搭配恰到好处，浓淡相宜。

01 轻钢龙骨石膏板造型吊顶与书柜、实木地板相呼应，稳重大方且华贵内敛，连空气中都流淌着淡然悠远的文人气息。

02 中式书房充满了优雅的古典韵味，整体布置似乎诉说着中国源远流长的历史和灿烂的文化。

03 传统中式家具、裱装字画、装字画的彩瓷大罐和中式吸顶灯等，都烘托出书房主人对中国文化的理解和偏爱。

04 书桌不能摆在房间的正中位，否则四面无靠、有虚无实、孤立无援，不利于集中注意力。

05 浅色的木质书柜上放置陈设品和书籍，黑色墙面和黑色地砖传达出轻松现代的书房气息。

06 清雅娴静的中式书房带有浓浓的墨香气息，墙面黑色与米黄色图案的壁纸使书房的古典气韵无处不在。

07 依整面墙而设的书柜既保证了空间的整洁一致，又显得大气。

08 大面积的白色应用使书房显得安静而高贵，沿墙而设的书架节省了空间。

01 造型独特的书柜吸引人的视线，柜门冷色的质地和充满设计感的造型表现出主人的独特眼光。

02 利用墙面安装整体书柜，简约现代的书桌，干净、整齐、安静的书房有益于思考和工作。

03 带暗花的壁纸与带画格的书柜形成呼应，玻璃的柜门与铜质拉手增加了书房古朴雅致的气韵。

04 深棕色的实木复合地板配褐色的实木书桌，墙上的中式卷轴字画流露出凝练的书香气。

05 玻璃柜门与黑色烤漆柜既可以保存重要书籍资料，也丰富了整个书柜的构造。

06 简约是对这个书房最恰当的表述，原木色的书桌和书柜体现了主人喜欢整齐洁净的特点。

07 顶天立地的书柜既保持了空间的一致性，又可通过摆设饰品在这个没有多余修饰的空间中起到装饰作用。

08 书桌忌讳横梁压顶，如果实在无法避免，也要装饰吊顶造型将其挡住。

书房·休闲区 | 19 |

01 墙上挂的毛笔字在渲染着书房的艺术气质。

02 整个书架的设计处理手法使空间融合，书架木搁板与沙发的颜色相呼应，空间整体感极强。

03 如果家不够大可以沿墙面做一个书架，放置心爱的书籍和淘来的装饰品，让书房彻底融入居室、融入生活。

04 在卧室设立工作区，虽然没有书香，但现代的办公设备同样能营造一个现代简约的书房。

05 整面的书籍成为这个书房最好、最有层次的装饰品，把整个环境塑造得文雅、清净。

06 书房以书桌、书架、座椅为主，在造型简约的灯具的点缀下，书房的整体视觉非常雅致宁静。

07 墙上的搁板兼具书桌和展示柜的功能，既可存放书籍又可摆放主人喜欢的艺术品。

08 书房既独立又与卧室保持了和谐关联，中国传统样式的木质书桌和书柜塑造了书房的文人气质，还起到了收纳和装饰的双重作用。

01 利落的线条，温馨的色彩组合让整个空间显得干净、整洁。

02 巧妙利用楼层转角空间打造了这个私密的工作区，深色的木质书桌和书柜显得稳重大气，是登上楼来的一份惊喜。

03 土黄色的窗帘有效提升了空间亮度，给深色的木质书桌与书柜增添了活力。

04 通过户型原结构整面墙而设的书柜既保证了空间的整洁一致，又显得大气，书房为主人的工作和阅读提供了充分的休憩空间。

05 带细腻花纹的黄色壁纸与带竖条纹的深色木质书柜形成呼应，镂空的花格与顶上的横梁增加了书房古朴雅致的气韵。

06 深色的中式桌椅给整个空间带来成熟稳重的感觉，体现出底蕴深厚的中华民族情。

07 利用阳台做书房，红色让人感觉温暖而亲切，小面积用在书房中可以让人感觉心情愉悦。

08 中式风格书房的营造重点放在了家具上，摆放一些有古典韵味和图案的陈设品，古雅气氛油然而生。

01 在红色和紫色的映衬下，棕色的书柜更显得安静、整洁、素雅，而黑色条案透出刚毅和沉稳，色彩的和谐让书房充满时尚感。

02 白色、木色搭配得灵动，错落有致而又不失轻盈，整个书房使用方便，时尚又温馨从容。

03 深棕色的书柜透着沉稳和理性美，搭配各种各样的书籍让空间凸显整体美。

04 本案设计运用色调来营造一种和谐的视觉感受，整体给人一种现代时尚的感觉。

05 利用阁楼精心为业主打造了这个个性化空间,带有大自然节疤的松木板装饰了整个空间,充满了舒适休闲的感觉。

06 同一空间内家具摆设不同,遂营造出两种不同气氛,学习区多了严谨,而休息区多了轻松。

07 深色的实木书桌稳重大方,墙面木纹纹理的壁纸与装饰画起到了烘托气氛的作用。

08 红木地板为简洁的书房增添了一丝贵气,与木质书橱的搭配相得益彰。

01 巧妙利用房屋的原有结构,把难以利用的墙面空间做成了木质书橱,井然有序,心思独到。

02 以浅色系的材料为主材,搭配重颜色的木质书桌,这样有轻有重的设计风格使空间层次丰富又不显拥挤。

03 设计师以简洁的墙漆和木质材料打造了这一小书房,朴实无华的书房气质将主人的高雅品位完美地衬托出来。

04 面积不大的书房简洁,运用了木材质和墙漆,空间显得干净利落,丝毫没有拥挤感。

05 设计师结合梁结构的格局，用木质材料构成了嵌入式的书架，使房间难以处理的部分富有特色，并充分节省了空间。

06 地面采用浅色木纹地板，将书房空间映衬得舒适而温暖。

07 本案例以木质材料为主，搭配墙漆，休闲效果十足，淡淡的暗藏灯光透过玻璃渗透出来，增加了轻盈感。

08 木质装饰墙与木质书架干净利落，和咖啡色的地毯搭配相得益彰，重点突出，空间层次丰富而不凌乱。

01 设计师利用木材设计了柜子与格子相结合的书架，体现以人为本的设计理念，可满足人们摆放不同物品的需求。

02 设计师利用棕色木质的古朴特色打造出古色古香的书房，让身处其中的人可以摒除烦躁，尽情享受阅读时光。

03 在书房内摆放一块地毯可以起到烘托房间整体风格的作用，同时也可以减轻脚步声，让人全身心地工作和学习。

04 在古典家具的装扮下，书房空间高贵中透着古朴，彰显主人的非凡品位。

05 本案例的整个设计经过多元思考，通过陈设的应用将欧式古典风格的浪漫情怀与现代人对生活的需求融合在一起。

06 深色木柜、欧式书桌、米黄色墙面，给人整洁的感觉，充满趣味性的台灯与钟表，让空间多了一份俏皮。

07 一组略带欧式风格的桌椅把现代与古典两种风格巧妙地融合在一起。

08 书架是书房的重要元素，无论是传统书房还是开放式、半开放式书房都能找到它的影子，书架的风格代表了书房的风格。

01　主人对中国文化情有独钟，飘逸的装饰物，古朴的家具，让整个书房形成一种端庄典雅、古色古香的风格。

02　书写和阅读区设置在窗边，光线均匀、稳定，亮度适中，避免了逆光投影。

03　整个书架设计处理手法的主旨是空间融合，书架、书、书桌的颜色相互呼应，空间整体感极强。

04　木香、墨香、书香，浓浓古韵尽在其中。

05 现代书房中加入一点蓝色点缀，只要恰当，会取得意想不到的效果。

06 深色背景点缀着白色的书架，使安静的书房显得格外别致，有情调。

07 书房以书桌、书架、座椅为主，在造型简洁的小台灯的点缀下，书房的整体视觉非常雅致、宁静。

08 书房布置得十分庄重，华丽的写字台，黑色皮质转椅，烘托出主人稳重的气质。

01 墙上的搁板兼具书柜和展示柜的功能，既可存放书籍，又可摆放主人喜爱的艺术品。

02 直线条的设计，玻璃与木质的结合，尽显现代书房气息。

03 长木桌、转椅、书柜依墙而建，米色显空间较大，给人清爽的感觉。

04 顶面直线形槽的设计，把书房的直线贯彻到底，也让原来呆板的吊顶生出变化。

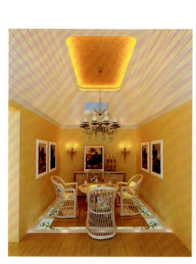

05 博古架式的书橱、墙面悬挂的国画、棕色桌椅，这样的装饰透出禅的韵味，给人一种平和感。

06 本案例以木质材料为主，休闲效果十足，柔和的暗藏灯光，增加了轻盈感。

07 依墙而建的书柜上玻璃的应用扩大了视觉空间，也让书房更加靓丽，衬托出主人的细腻心思和时尚审美观。

08 棕色的仿古式书柜为书房增添了一丝古雅，同色系的桌椅为米色的书房增添了一抹浓厚，让空间的层次分明。

01 以胡桃木为主的空间透出沉稳、深邃的意味，让人可以充分感受到主人的性格特点。

02 利落的线条，温馨的色彩搭配，丰富的质感，让书房古朴而雅致。

03 多种材质的结合造就了略带现代华美的书房空间，墙面以壁纸作为主要材料，其优点是效果强烈、施工简单。

04 回纹式的布料坐垫隐隐透着现代气息，配以朦胧的纱帘，增强了室内的休闲气氛。

05 书房地面选择了木纹地板,搭配黑白纹理的块毯,温馨、舒适,清晰的木质纹路带来了自然的气息,令人感到亲切。

06 这里的主人应该拥有果断和爽快的性格,阅读区的简洁实用也体现了这一点。

07 白色的书桌、木纹纹理的搁板、书柜,踢脚线散发出清新的气息,蓝色的墙面增强了空间色彩效果。

08 与墙面合为一体的书架、书桌节省了空间,一盏造型简洁的吊灯在这空间里似释放着智慧之光。

01 制造书房的气氛，大可不必浓妆艳抹，原木家具、柔和的灯光，同样能营造出浓浓的书香之气。

02 空间以宁静、舒适为主，使用白色为主色调，有助于人的心境平稳，气血通畅。

03 将阳台改造为书房，光线充足利于阅读，在工作累了的时候还可眺望窗外景致。

04 整体空间沉稳、大方，以少量的饰品对书房进行点缀，既简单又不会显得沉闷。

05 设计用简洁的手法塑造了这一书房空间,墙面主要用了墙漆和玻璃搁架,虚实结合,空间层次丰富,现代感十足。

06 本案以白色与米黄色墙漆为书房墙的主要材料,让室内看起来明亮、宽敞,搭配原木色地板更加温馨。

07 本案例属于空间较小的书房,设计师将原木作为装修空间的主要材料,光亮的材质提亮了整个空间,清新的色彩给人以温暖的感觉。

08 枫木和玻璃组成了书橱的主体部分,两者通过虚实手法的处理让空间不再呆板,增添了韵律感。

01 设计师应用原木这种浅色系的木质材料搭配，米黄色壁纸作为书房装饰的主要材料。

02 本案例以白色墙漆作为墙面的主要材料，让室内看起来显得现代而富于个性，整个空间透着温馨和时尚的气息。

03 巧妙地利用房子的原有结构，把难以利用的梁下空间做成了木质花格，井然有序，心思独到。

04 深色木桌、书柜依墙而放，米黄色的墙面，给人简洁的感觉，充满趣味性的台灯，让空间充满个性。

05 深沉的主色调彰显出沉稳的性格，直线条的造型透着刚毅，这是一个完美地张扬个性的休闲空间。

06 黑白结合的墙面时尚感一跃而出，百叶窗横向分割的线条表现出井井有条的理性美，材质的搭配让墙面主次分明。

07 黄色系和白色的搭配让休闲室庄重而不失活泼，温馨雅致而不失亲切。

08 蓝色如海洋、如蓝天，很容易让人联想到清新的自然景观，在休闲区用淡淡的蓝色可以让人心情愉悦。

01 休闲区内依户型而定的多宝格放置装饰品，选用了藤制休闲椅和玻璃桌，黑色地面带给空间浪漫的遐想。

02 大量木质材料的运用体现出室内自然清雅的特点，舒适的圈椅让身心充分放松，尽享香茶。

03 设计师将白色作为基调，用它来衬托和承载其他色彩，力求让空间内的气氛更加和谐。

04 开放式的储物柜能收纳许多物品，让休闲区变得非常整齐，镂空的台面放置书籍，为空间增色不少。

05 玫瑰红的休闲沙发增添了一丝浪漫，黄色布艺窗帘的装点带来了生机，让气氛活跃了起来。

06 五颜六色的装饰品，草席质地的蒲团为这个休闲空间增添了更多的舒适感。

07 定制的榻榻米，摆放几个坐垫为空间带进了一丝禅韵，墙面天然的木质材料洋溢着清新的气息。

08 红色的休闲椅时尚感十足，舒适的造型和鲜艳的颜色带来了活跃的气氛。

01 深色的木质书柜使空间变得更为整齐，同时也是休闲区大气实用的背景墙，绿植盆栽使空间充满自然雅趣。

02 木质镂空花格背景墙将休闲区的基调定位为中式风格，圈椅强化了这种风格。

03 宽敞明亮的和室让人身心放松，榻榻米造型的小会客室，让朋友相聚喝茶聊天时更为舒适。

04 休闲区一侧以玻璃茶几为中心，摆设藤制休闲椅，其简约的设计符合人体工程学的造型，非常适合闲坐之用。

05 家具的摆设不仅展现了浓郁的中国文化内涵，还彰显了主人严于修身养性的品行修养和对自身的极高要求。

06 玻璃、阳光、色彩、绿植、画报等所有的元素混搭出亲切的家的味道，无序中的有序诠释了家的一种独特的定义。

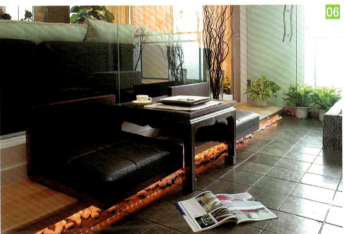

07 草席质地的垫子很好地调节了深色家具与深色木地板的沉闷，几上的装饰物带出禅的韵味。

08 明快与稳重的色彩共同演绎了一个舒适的休闲空间。

01 色彩多样却不凌乱，每种色彩都使用得恰到好处，让人感到在这样的休闲区里只凭色彩便可缓解疲劳。

02 温馨的色调充斥着整个休闲区空间，宽大的阳面窗将阳光引入了室内，让人与自然更加亲近。

03 藤席、蒲团、茶具，加上一角安静矗立的绿色植物，使人在放慢节奏、深吸空气时，感觉到了一种草的芬芳。

04 用移花接木的手法把庭院小景的感觉挪到室内，这种田园风格在舒适自然的休闲区彰显无遗。

05 以朴素的松木材质作为主要墙面材料，代表了深远、理智、诚实和专心，搭配淡绿色，起到了扩大空间感和宁静人心的作用。

06 深棕色沉稳而亲切，白色纯洁而清凉，咖啡色沉静而优雅，三者的和谐搭配创造出了时尚而又不失古朴的休闲空间。

07 棕黄色的木地板和红胡桃木的实木书柜的搭配，使得空间层次鲜明，紫色沙发让环境气氛温馨而雅致。

08 柔和的米黄色是温柔的最佳诠释，这种棕红色、黄、灰混合的色彩，减少了夏天天气炎热的感觉，反而多了几分似水柔情。

01 仿古的棕色地面砖属于大地色系，让人可以联想到自然，为空间增添了一丝亲切感。

02 白色为主的墙面清新而淡雅，让人感觉到舒适，与休闲座椅搭配则让房间在清爽中透着古朴。

03 用浅棕色装扮休闲区，和睦的气氛充斥着整个空间，营造出祥和、宁静的氛围。

04 黄色为主色调的空间温馨雅致，亲切又不失热情，加以咖啡色的沙发的点缀，魅力无穷。

05 木质的书柜造型简洁、时尚，棕色木质书柜和原木色书桌属于同材质的同色系不同明度，视觉上空间有延伸感。

06 大气、高贵是本案例给人的第一感觉，白色墙漆被用作室内装饰的主要材料，配以棕红色的家具，整洁而不失温馨。

07 黄色休闲沙发扶手的轻盈造型让灰色的休闲空间多了时尚感。

08 利用露台空间摆放休闲沙发，宽敞而明亮，木质装饰墙和玻璃增添了休闲味道。

01 利用房子的原有结构，把难以利用的梁下空间做成了混油书柜，井然有序，心思独到。

02 造型新颖、柔软舒适的红色沙发给休闲空间增添了更多的惬意。

03 墙面上的镜子的应用扩大了视觉空间，也让休闲空间更加靓丽，衬托出主人的细腻心思和时尚审美观。

04 设计师结合梁结构的格局，用木质材料做成了嵌入式书架，使房间难处理的部分富有特色，并充分节省了空间。

05 浅色调在扩大空间感的同时，也可以让人看起来更加整洁利落。

06 直线造型的书架融合现代艺术，质朴的木本色书架搁板和书桌使书房洋溢着特有的时代气息，尽显简洁之美。

07 原木色木质家具环保、健康，色泽温和，摆放在休闲区里是很好的选择。

08 仿花苞形状的台灯及绿色的瓷瓶形状可爱，为休闲的角落带进了生机和乐趣。

01 简洁大方的柜子实用性和装饰性兼具，整齐的方格方便摆放书籍和装饰品，搭配对面的装饰画彰显出主人的生活品位。

02 宽敞的空间、充足的阳光，浅色木纹理的书桌造型优美，颜色干净，搭配黑色的沙发，温暖舒适感洋溢在整个书房中。

03 休闲区的沙发选用了紫色布艺材质和白色木质组合的方式，从色调上更加呼应主体。

04 这是一个面积较大的休闲空间，设计师选择了白色作为主色调，为了避免浅色多易产生的空旷感，选用灰色壁纸和紫色沙发，让空间层次更加分明。

05 本设计比较注重房间装饰，一些有品位的小饰品使书房显得优雅，别具情调。

06 白色空间里的书桌、休闲沙发的结合形式，避免了空间的呆板，活跃了装饰语言。

07 这是一个面积宽敞的休闲空间，尺度较难掌握，易产生空旷感，设计师着眼于利用软装饰使空间丰富而不凌乱。

08 家具的设计错落有致而又不失轻盈，以简洁的色彩把书房衬托得时尚而又温馨。

01 整个休闲空间轩豁大气，时尚现代又不失个性，色彩的装点使休闲区充满魅力。

02 设计师将冷色调作为本案例的主色调，灰砖及实木桌椅的结合营造出沉稳、安宁的气氛。

03 色彩的和谐搭配让休闲空间显得温馨、舒适，而暖中有冷的搭配方式让人感觉不到暖色调的沉闷。

04 米黄色的墙面让人感到安心，搭配白色和黄色，使书房空间清新又不失稳重。

05 多种彩色和灰色，浅色、深色、中间色搭配在休闲区中，层次丰富却不显凌乱。

06 休闲椅的软包、墙上淡淡的麦芽色、浅灰色的地面，打造出一种安详的生活状态。

07 白色的地面衬托着深棕黄色的沙发，沉稳中透着儒雅，而浅棕色的茶几成为两者的中间色，让两种色彩更加紧密地融合起来。

08 明快与稳重的色彩共同演绎了一个舒适的休闲空间。

01 壁炉不再是传统意义上的壁炉了，如今它只是房间里的一个装饰元素，它以自身的建筑感的造型，成为空间里的一个亮点。

02 用移花接木的手法把庭院小景挪到室内，落地窗外绿意盎然，室内室外融为一体，这种田园风格在舒适自然的休闲区彰显无余。

03 错落有致的书柜分格架，丰富了书柜的立面效果。

04 摒弃多余的装饰，简洁的储物柜呼应着原木的休闲桌，传达出一种朴素的现代简约风格。

05 咖啡色的窗帘、绿色植物、天鹅绒的复古沙发，组合成一个优雅的有品位的思考空间。

06 原汁原味的原木制作书桌，为整个空间营造出一种古朴的氛围。

07 五颜六色的装饰品为质朴的休闲空间增添了华美感和浪漫气息。

08 淡雅而时尚是本案例给人的第一印象，软装饰、沙发、窗帘、油画、地毯、陈设品等，在这里起到了不可忽视的作用。

书房·休闲区 | 55

01 沙发选用颜色素雅的条纹格子布，与墙面的色彩相呼应，强化了空间立体感。

02 古典风格沉稳的韵味及悠久的历史通过仿旧色彩的木质展示出来，造型简洁的书桌通过提炼造型和古朴的色彩展现了古老文化的内涵和精髓。

03 一张摆有书的书桌把空间的气氛变得雅致起来，也从细微处反映出主人的品位和修养。

04 为了让空间主次分明，避免因颜色过多而产生杂乱感，设计师在家具的搭配上颇费了心思。

05 整面墙的书柜设计既有书籍陈列功能，又具装饰作用，小小的窗将室外风景和光线引入室内，美丽而又温馨。

06 依整面墙而设的书柜既保证了空间的整洁一致，又显得大气，书房为主人的工作和阅读提供了充分的休闲空间。

07 壁纸上规则的斜条装饰与对面书架一直一斜巧妙呼应，使空间变得鲜活起来。

08 壁炉装饰打造了这个个性空间，红色沙发是空间的压轴之笔，在转身间主人既可阅读、工作，又可会客。

01 红色墙砖、红色地毯和藤椅一起强化了室外露台的休闲空间。

02 利用阁楼精心为业主打造了这个个性化空间，带有自然节疤的松木板装饰了整个空间，使其充满舒适休闲的感觉。

03 休闲区与客厅巧妙结合，现代时尚简约风格的装饰环境，约几位密友喝喝茶，将是一段美妙的休闲时光。

04 作为客厅的延伸空间，这个简约的休闲区丰富了客厅的色彩与内涵，作为一个单独区域，它又体现了主人追求高品质生活的雅趣。

05 书法成为休闲区的背景装饰，不仅展现了浓郁的中国文化内涵，还彰显了主人的品行修养。

06 色泽古朴庄重的罗汉床、圈椅与造型简洁且实用的多宝格，营造出浓郁的传统文化韵味。

07 以中国书法作为装饰，营造出古雅的视觉感受，瓷制品、泥人、雕塑等装饰元素进一步营造出浓郁的中式古典风格。

08 窗上的木格造型与顶上的吊顶造型相呼应，保持了空间统一，白色沙发和装饰画意境清淡高远，使休闲区别有一番文人雅趣。

01 一字形的木质假梁吊顶提升了空间高度感，顶面天然的木纹装饰与地面复合地板相呼应，使空间更具进深感。

02 墙面以佛像造型作为背景装饰，保持了空间的平衡，也塑造了禅寺的意境。

03 顶面的弧形造型划分出休闲区的空间，造型奇异的休闲沙发，营造出休闲区闲雅的格调。

04 明黄色的墙面很好地调节了深色家具与深色木地板的沉闷感，墙上的装饰画更表达了空间的个性美。

05 休闲区的沙发选用了黄色布艺材质和棕色木质组合的方式，从色调上更加呼应主体，墙面上的字画及花格的装饰是休闲区的画龙点睛之笔。

06 黄色系和白色的搭配让休闲室庄重而不失活泼，温馨雅致而不失亲切。

07 白色的墙面洁净优雅，让人们可以远离嘈杂和喧嚣，尽享清净和安宁。

08 黄色透出的生气使人欢乐和振奋，也使房间温暖明亮起来，还能够为任何一间居室增添乡村气息。

01 干净、明亮的和室休闲空间，榻榻米造型加以S形靠背，让朋友相聚喝茶聊天时更为舒适。

02 设计师利用阁楼的小小空间打造出这个与自然对话的休闲区，墙面的装饰画使空间保持漂亮整齐。

03 墙面红色的壁纸化解了深色木质家具的沉闷感，并且与沙发图案形成风格上的对比。

04 简洁古典的书桌、案几和木质方格隔断，在落地窗的光影中营造着浓郁的中式文化氛围。

05 大量木质材料的运用体现出和室自然清雅的特点，舒适的榻榻米让身心充分放松，尽享香茶、清酒之妙。

06 书房选用壁纸一定要注重选透气性好的，否则长时间看书学习会有憋闷的感觉，无纺布壁纸或木纤维壁纸是首选。

07 大面积的落地窗满足了自然光照的需求，开放式的书柜设计整洁而富有美感。

08 顶部采用剖开的天然竹材做吊顶，同时以相同材质制作了下吊式的装饰，简洁而又自然，墙面装饰画带来了文化氛围。

01 顶面及地面分别采用白色墙漆及地砖，用意在于突出墙面的书橱让空间层次分明。

02 一块地毯在有意与无意间把学习空间和休闲空间分隔，相互独立而又相互依存，劳逸结合才是最佳的学习、生活状态。

03 为了避免地面选用的浅色材质产生轻飘感，本案例选用棕色书柜，在增加了重量感的同时增添了神秘和华贵的气息。

04 背景墙用简洁的手法以丰富的质感对比凸显背景墙在书房中主体地位，虚与实完美结合，整个书房呈现出一种浓厚的文化气息。

05 地面选用蓝色白点地毯，冷暖色的对比丰富了空间层次感，浅色的休闲桌椅与黄色木质柜子的结合，呼应了墙面，使整个空间清爽而时尚。

房屋质量验收指南

因房屋质量等问题引起的收房纠纷，一直是最多发的房产纠纷类型。对于首次购房的业主来说，提前掌握一些收房知识十分必要。除了办理一些常规手续，最重要的收房环节就是验房。找个验房师帮着一块去验房，不失为好主意，但他们往往收费不菲，专业水平也参差不齐。其实，验房并非是件十分深奥复杂的事，您只要掌握了基本的程序，带齐工具，同样可以给自己的房屋质量好好把把脉。

一、业主收房最佳流程

收房的过程并不复杂，带齐身份证件、相关资料、费用以及验房工具等，按照与开发商约定的时间前去收房。主要有以下几个步骤：

1. 开发商和物业核验业主材料，双方确认收房流程。
2. 业主领取《竣工验收备案表》、《住宅质量保证书》、《住宅使用说明书》(此三项必须为原件)，以及《房屋土地测绘技术报告书》，并由开发商加以说明。
3. 业主对新房作综合验收，即最重要的验房环节。
4. 业主就验收中存在的问题提出质询、改进意见或解决方案。双方协商并达成书面协议，根据协议内容解决交房中存在的问题。无法在15日内解决的，双方应当就解决方案及期限达成书面协议。
5. 开发商出具《实测面积测绘报告》，双方确认面积误差后结算剩余房款、各项费用，以及延期交房违约金等。
6. 业主领取新房钥匙，签署《住宅钥匙收到书》。
7. 与物业公司签署物业协议、向物业公司交纳物业费并索要发票或盖章确认的收据。
8. 办理产权证有关的事项。若业主委托开发商办理产权证，则可由开发商代收契税和房屋产权登记费，代办费金额双方协商。业主也有权拒绝代办。
9. 业主签署《入住交接单》，收房完成。

二、收房流程注意事项

不少业主是第一次买房子，好不容易盼到交房了，却往往不知所措。什么时间收房最好？交房手续怎样办才省时省力？请您留意以下几个注意事项和经验建议。

1. 关于收房时间。一般房产商通知小业主交房时间比较早，建议不要在第一、第二天去收房。因为那两天同时来收房的人很多，陪同验收房子的人也不会有太充裕的时间仔细陪同看房。您不妨选择第三天或第四天进行收房。
2. 您可以去物业部门查看资料，包括《住宅质量保证书》、《住宅使用说明书》、《竣工验收备案表》、《管线分布竣工图(水、强电、弱电、结构)》、《面积实测表》等。需要注意的是，前四项文件是可以带走的。其中《住宅质量保证书》、《住宅使用说明书》、《竣工验收备案表》必须是原件。
3. 注意核实面积、合同及价钱多退少补等问题。首先要确认售楼合同附图与现实是否一致，结构是否和原设计图相同，房屋面积是否经过房地产部门实际测量，与合同签订面积是否有差异。查看售房合同，看误差为多少。注意签订合同时将误差定在2%~3%，建议不超过5%。
4. 物业可能会催促交付物业费等费用，但根据建委的最新规定，开发商不得以先交物业费等费用为收房条件，可以验收好后交付费用。
5. 从物业领取钥匙时,要确认楼层钥匙、进户门钥匙、信箱钥匙、水表钥匙、电表钥匙是不是齐全。

三、毛坯房验房三步骤

目前,大部分的商品住宅交付时都是毛坯房。验毛坯房的程序主要是三大步骤。

第一步"看外部"。即观察外立面、外墙瓷砖和涂料、单元门、楼道。

第二步"查内部"。即检查入户门、内门、窗户、顶棚、墙面、地面、墙砖、地砖、上下水、防水存水、强弱电、暖气、煤气、通风、排烟、排气。

第三步"测相邻"。主要是就闭存水试验、水表空转等问题与楼上楼下的邻居配合查验。

四、验房流程详解

1. 在检查完整栋楼座的外墙瓷砖牢固性、单元门是否完好、楼道楼梯安全性和公用设备完好性后,开启户门。

2. 检查防盗门有无划痕,门边是否变形,门与框的密封是否严密,门和锁开关是否灵活。检查入户门门铃,装上自带的电池,检查是否正常工作。观察猫眼是否有松动、不清晰、视野不全或因有异物无法看清楚等现象。

3. 检查户内门窗、阳台等部位有无开裂现象(阳台裂缝危险最大),油漆是否刷全。注意将镜子放到门顶部和门底部,检查这些地方是否也刷过油漆。检查门窗的密封是否良好,可用一长纸条放在密封点上,关门压住纸条用力抽出,多点试验看密封条的压力是否均匀。推拉窗上的纱窗和窗扇,确认是否推动灵活,相互无碰撞。窗户外窗框上应有防堵帽,防止异物堵塞影响排水,导致下雨时窗户进水。双层玻璃里外都擦不干净时应提出拆换玻璃清洁,否则以后不易解决。

4. 检查层高是否符合合同。最好把水表、电表数字、层高、马桶坑距、浴缸长度和宽度、冲淋房尺寸、吊顶高度都记下。检查房顶是否倾斜,可在房顶取4~5个点用盒尺进行测量,若数值一致说明没有倾斜。

5. 检查墙壁是否平整,是否有渗水,是否有划痕裂纹,是否有爆点(生石灰在发成熟石灰时因搅拌不匀,抹在墙上干后会形成爆点)。检查地面是否平整,是否有渗水和空壳开裂情况。如有空鼓,要责成物业陪同人员尽快修复,否则在装修中会很容易打穿楼板。

6. 如是精装房,还要检查厨卫吊顶是否安装牢固,墙砖、地砖、地板是否平整,是否有空鼓(以小锤敲击),是否有色差,缝隙是否符合规范。木地板要检查木龙骨安装是否牢固。橱柜开启是否灵活顺畅,配件是否齐全。

7. 检查上下水。尽量开大水龙头,检查是否正常工作。用盆盛水向各个下水处灌水,如台盆下水、浴缸下水、坐便器下水、厨房和卫生间及阳台地漏等,每个下水口应灌入两盆水左右,听到"咕噜咕噜"的声音表明通畅,确定表面没有积水。确认没问题后要尽快将这些突出下水(如台盆下水、浴缸下水、坐便器下水)用塑料袋罩着水口,加以捆实。地漏等下水则需要塞实并留下可拉扯的位置。

8. 检查卫生间地面坡度是否能让积水顺利往地漏方向流,而不至于流入其他房间。将水倒在卫生间地面上(高度约2cm),通知楼下的业主24小时后查看其房间内厕卫的顶棚是否有渗水。全部用完水后打开水表,记录下水表的数字,同时也要记录电表数字。

9. 检查电气开关箱内的各开关是否有明显标示,是否安装牢固,检查各个分闸是否完全控制各分支线路。检查插座,如自备有插排(带有指示灯的五孔插座),可根据指示灯明灭测定是否正常通电。如有可能配备摇表,可测试插座对地绝缘情况是否良好。

10. 检查有线电视插座、宽带插座，插进去有无松动或插不进现象。检查可视对讲、紧急呼叫按钮是否工作正常。
11. 检查管道通风。厨房烟道可用冒烟的纸卷放在烟道口下方10cm左右，看烟是否上升到烟道口能立即被吸走。卫生间应在吊顶下留通风口，留在吊顶上面时要用手电查看是否具备安装性，同时用与测厨房烟道同样的办法测抽力。用手电查看烟道、通风口中是否存有建筑垃圾。
12. 用冒烟的纸卷放到管道煤气报警装置附近，看报警装置是否灵敏动作，报警声光提示应同时关闭进气阀。
13. 检查暖气管道安装是否通畅和密封。使劲晃动暖气管和上水管确定是否牢固。打开水阀看排水是否流畅，放水同时用卫生纸擦拭上下管道底部有无渗漏。确认暖气片上方的排气孔是否可以拧动。
14. 核对买卖合同上注明的设施、设备等是否有遗漏，品牌、数量是否相符。验房过程发现问题及时记录，并与物业人员确定解决方案和解决日期。如果验房后认为质量问题较多且需较大整改，则业主可要求开发商签收"关于房屋存在质量问题要求限期整改的确认函"后中止办理手续。

五、验房常用工具

专业验房需要配备垂直检测尺、内外直角检测尺、垂直校正器、游标尺、对角检测尺、反光镜和伸缩杆等。还要带上5m盒尺、25～33cm直角尺、50～60cm丁字尺、1m直尺等量具，以及各种电钳工具，如带两头和三头插头的插排(即带指示灯的插座)、各种插头(电话、电视、宽带插头)、万用表、摇表、多用螺丝刀（"-"字和"+"字）、5号电池2节、测电笔、手锤、小锤、灯泡。

自己验房的业主很难带齐这些专用工具。事实上，您只要准备一些常用的工具就可以了。它们主要是：（1）盆：用于验收下水管道。（2）小锤：用于验收房子墙体与地面是否空鼓。（3）塞尺：用于测裂缝的宽度。（4）5m卷尺：用于测量房子的净高。（5）万用表：用于测试各个强电插座及弱电类是否畅通。（6）5号电池：两节，用于检查门铃。（7）镜子、小凳、手电：用于检查不易触及处和暗处。（8）其他：计算器、纸笔、塑料袋、打火机、卫生纸、报纸、包装绳。

地采暖

地热低温辐射采暖技术是一种新型的采暖方式，在欧美等地和日韩等国家已得到全面推广和应用，近几年开始为中国的一些新兴楼盘所采用。它是一种利用建筑物内部地面进行采暖的系统，既节能又具有室内温度均匀等特点。室内温度上层低而下层高，有足温而顶凉的感受，使人感到舒适而自然。地热电采暖系统，可使用任何您喜欢的地面材料，如：地砖、复合地板、实木地板等。

但是，这种特殊的加热采暖方式在带来若干好处的同时，也对它的载体有了更高的要求，特别是木地板的选择，其中会涉及很多问题。专家认为，在各种木地板中，强化木地板是地热低温辐射采暖最合适的配套材料，而且一定要选用有信誉的大品牌，现在很多品牌地板已经推出了专门针对地热的地暖复合地板。地热采暖要求地板有良好的耐热性、稳定性、环保性和导热性。真正的地热地板不允许出现开裂的现象，而普通劣质地板经过长期高温烘烤，难免会出现板面开裂、复合分层开胶现象，其结果就是需要重新铺装，费时费力不说，而且埋在水泥地面下的电热暖线，在反复铺装过程中还可能会遭到损坏。选择高品质的地热地板也是出于环保的考虑，因为一般随着温度升高，地板中甲醛释放量也会升高。国家标准规定，在正常室温下甲醛释放量是 $0.02\sim0.06mg/m^3$，$40℃$ 情况下的甲醛释放量是 $0.13mg/m^3$，好品牌地板一般都会低于这个标准的一半左右。

建议选择复合地板。因为复合地板的厚度大多在 $7\sim8mm$，很容易将地热系统产生的热量传导至地表，而且复合地板的表面为金属氧化物的耐磨层，热量在地表扩散得非常快而且均匀。而实木地板比较厚，一般厚度在 $1.8cm$ 左右，安装时还要打龙骨，所以地热系统的热量不易传导到地表，而且木材的导热系数非常低，这样会导致热量的浪费，也会使地表温度不均匀，温差感觉非常明显。

进口地板质量达到欧洲Enpr13329标准，国产地板质量达到国家GB/T 1802—2000标准，都可以适应地热采暖地板安装的技术要求。其实地热采暖对于强化地板并没有特殊技术要求，只要是合格的地板，都可以作为地热地板铺装。目前市场上一些合格品牌都达到了这一标准。锁扣式地板的效果更好，因钩联地板间留有细小缝隙，所以膨胀后也不易走形。

为了增加导热量，垫层材料和地板厚度不宜过厚，地热地板的标准厚度为 $6.5\sim8.5mm$，强化复合地板应为 $6\sim8mm$，三层实木复合地板为 $12\sim15mm$。建议消费者在谨慎选用的同时，尽量选用小尺寸的，最好是 $200mm\times40mm\times10mm$ 拼成的方形或人字形，使其热变形均匀。若选择强化复合地板，可以选用圣象、四合、瑞嘉、宏耐、欧典、柏丽等知名品牌的专用地热地板。这些厂家对基材的密度要求严格，同样厚度的强度大，透气性、散热功能又好，耐热性经过专门处理。若选择实木复合地板，可以选择福满地、LG、银球、时光等知名品牌的专用地热地板。

地热地板还有一个关键细节，就是地热地板的地垫。地垫的变形，可带动地板的变形。用PVC发泡地垫，一是导热慢，二是长期加热后容易老化。如果采用地热地板专用地垫，一是导热快，二是环保，三是不变形。

科学选择，合理养护，让地板成为冬季家中温暖亮丽的风景线。

怎样选择壁纸

壁纸的种类多了起来，不同材质的壁纸也各具优势，确定种类容易些，选择花形图案和色彩则是一件费心思的事。

1. 取一块回家试一试

壁纸专卖店里，都有一摞摞的样本册供客户翻阅挑选，凡是有过挑选壁纸经历的人都有同样感受：选中了几款，将它们在脑海中与自家居室联系时，却难以想象出整体效果。正如其他许多装饰材料的选择一样，壁纸在样本上不会看清效果，在样本册中，其颜色、图案也许很漂亮，但当把它们贴在整间居室中的墙面时，也许会发现它的图案色彩过于强烈，使屋子产生压迫感。也很可能因为保守，选择的壁纸装饰效果并不明显。

有经验人士提出建议：选择壁纸的黄金规律，是在作决定前，务必先取一块壁纸在家中墙壁上试一试，试验的样品面积越大越好，这样容易看出贴好后的效果。所以，选购时，最好向商家索取一张面积较大的样品。

2. 选择壁纸色彩有讲究

壁纸的颜色和图案直接影响房间里的空间气氛，壁纸的颜色也可以影响人的情绪，暗色及明快的颜色对人的情绪有激活作用，适宜用在餐厅和客厅，冷色及亮度较低的颜色可以使人精力集中、情绪安定，适宜用在卧室及书房。

3. 竖条纹状图案增加居室高度感

长条状的花纹壁纸具有恒久性、古典性、现代性与传统性等各种特性，是最成功的选择之一。长条状的设计可以把颜色用最有效的方式散布在整个墙面上，而且简单高雅，非常容易与其他图案相互搭配。这一类图纹的设计很多，长宽大小兼有，因此你必须选适合自己房间尺寸的图案，这一点是相当重要的。稍宽型的长条花纹适合用在流畅的大空间中，而较窄的图纹用在小房间里比较妥当。

由于长条状的花纹设计有将视线向上引导的效果，因此会使人对房间的高度产生错觉，非常适合用在较矮的房间。如果你的房间原本就显得高挑，那么选择宽度较大的长条图案会很不错，因为它可以将视线向左右延伸。

4. 大花朵图案降低居室拘束感

在壁纸展示厅中，鲜艳炫目的图案与花朵最抢眼，有些花朵图案逼真、色彩浓烈，远观真有呼之欲出的感觉。据介绍，这种壁纸可以降低房间的拘束感，适合格局较为平淡无奇的房间。由于这种图案大多较为夸张，所以一般应搭配欧式古典家具。喜欢现代简洁家具的人们最好不要选用这种壁纸。

5. 细小规律的图案增添居室秩序感

有规律的小图案壁纸可以为居室提供一个既不夸张又不会太平淡的背景，你喜爱的家具会在这个背景前充分显露其特色。如果你还是第一次挑选壁纸，选择这种壁纸最为安全。

6. 提醒

要确定你所买的每一卷壁纸都是同一批货。

建议你多买一卷额外的壁纸，以防发生错误或将来需要修补时用。

在你开始动手工作之前，务必将每一卷壁纸都摊开检查，看看是否有残缺之处。

不要以为每一卷壁纸都会分毫不差,事实上,相反的情况也会经常发生。

在粘贴衬纸(如果你打算使用)与壁纸时,尽量使用强度相同的胶粘剂。

无论是上胶或粘贴壁纸,都要以从上往下的方式进行工作。

7.壁纸用量的估算

购买壁纸之前,要估算一下用量,以便买足同批号的壁纸,减少不必要的麻烦,避免浪费。壁纸的用量用下面的公式计算。

壁纸用量=房间周长(m)×房间高度(m)×(1+K)(单位:m^2),K为壁纸的损耗率,一般为3%~10%。

K值的大小与下列因素有关:

(1)壁纸大图案比小图案的利用率低,因而K值略大;需要对花的图案比不需要对花的图案利用率低,K值略大;同排列的图案比横向排列的图案利用率低,K值略大。

(2)裱糊面复杂的要比普通平面需用壁纸多,K值高。

(3)拼缝方法对拼接缝壁纸利用率高,K值最小;重叠裁切拼缝壁纸利用率最低,K值最大。

周长的算法:环绕整个房间测量出它的总长度,包括门、窗和落地窗与嵌入式的壁橱。

各种漆的特点

1. 聚酯漆

聚酯漆是用聚酯树脂为主要成膜物。高档家具常用的为不饱和聚酯漆，也就是通常所说的"钢琴漆"。不饱和聚酯漆的特性为：

（1）一次施工膜厚度可达1mm，是其他漆种无法比拟的；

（2）漆膜丰满，清澈透明，其硬度、光泽度均高于其他漆种；

（3）耐水、耐热及短时耐轻度火焰性能优于其他漆种；

（4）不饱和聚酯漆的柔韧性差，受力时容易脆裂，一旦漆膜受损不易修复，故搬迁时应注意保护家具。

2. 聚氨酯漆

聚氨酯漆漆膜坚硬耐磨，经过抛光有较高的光泽度，其耐水、耐热、耐酸碱性能好，是优质的高级木器用漆。

3. 丙烯酸漆

丙烯酸漆是由甲基丙烯酸酯与丙烯酸酯的共聚物制成的涂料，其中有水白色的清漆及色泽纯白的白磁漆。

丙烯酸漆漆膜光亮、坚硬，具有良好的保色、保光性能。耐水、附着力良好，经抛光修饰漆膜平滑如镜，并能经久不变。

4. 亚光漆

亚光漆是以清漆为主，加入适量的消光剂和辅助材料调合而成的，由于消光剂的用量不同，漆膜光泽度亦不同。

亚光漆漆膜光泽度柔和、匀薄，平整光滑，耐温、耐水、耐酸碱。

5. 硝基漆

硝基漆又称喷漆、蜡克。它以硝化棉为主，加入合成树脂、增韧剂、溶剂与稀释剂制成基料。其中不含颜色的透明基料即为硝基清漆，含有颜色的不透明液体则为硝基磁漆。

硝基漆膜经过抛光可获得很高的光泽度，是一种普遍使用的装饰性能较好的涂料。但硝基漆漆膜附着力差，漆膜硬度不及聚氨酯漆、不饱和聚酯漆与丙烯酸漆。

致 谢

在本套丛书的编辑过程中，我们得到了全国各地室内设计行业中资深设计师的鼎力支持，对于张合、王浩、翟倩、刘月、王海生、张冰、张志强、孙丹、张军毅、梁德明、冯柯、郭艳、云志敏、刘洋等人给予的帮助，借此机会谨向他们表示诚挚的谢意！